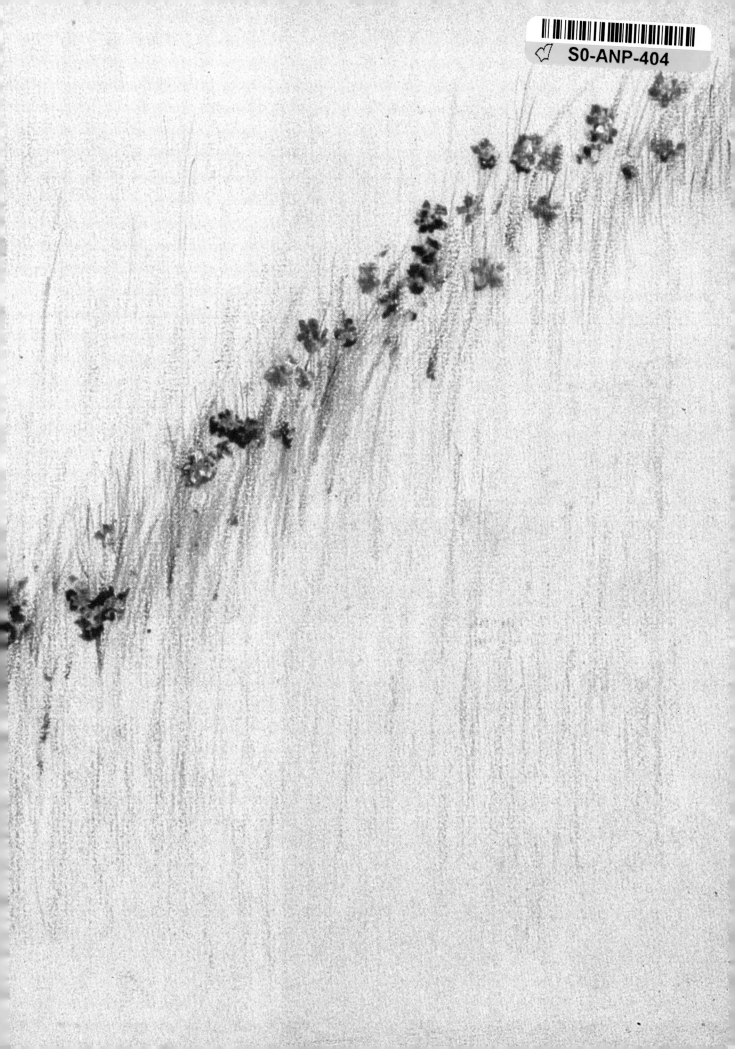

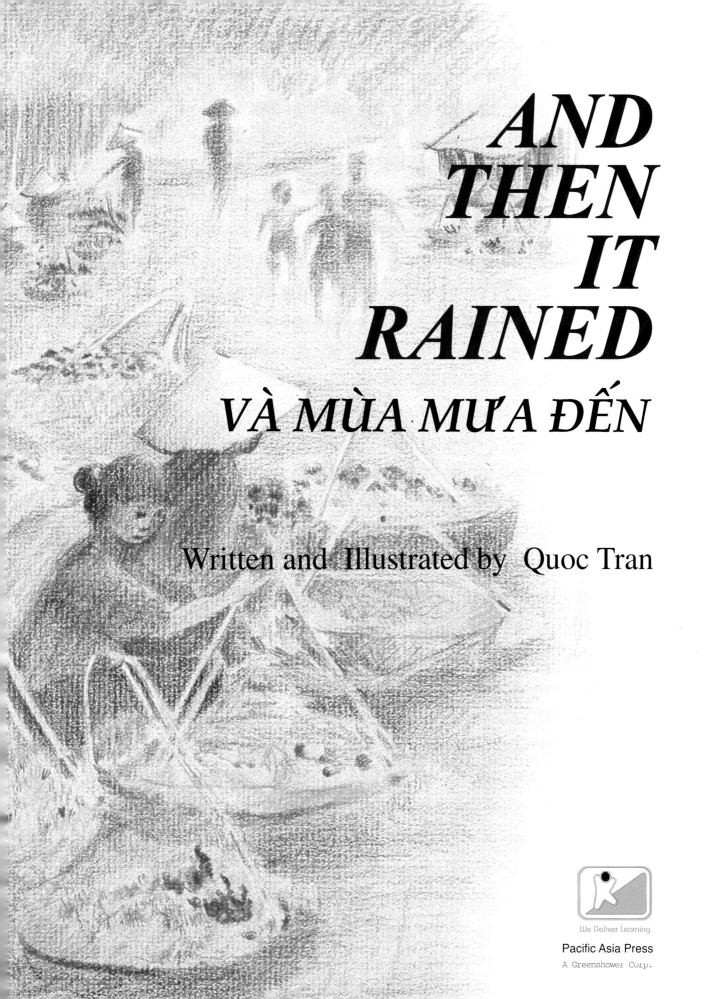

AND THEN IT RAINED

VÀ MÙA MƯA ĐẾN

Written and Illustrated by Quoc Tran

We Deliver Learning

Pacific Asia Press

A Greenshower Corp.

Library of Congress catalog Card Number
95-71895

First published in 1996
Printed in Taiwan

Library of Congress Cataloging-in-Publication Data
Tran, Quoc.
And then it rained / by Quoc Tran.
p. cm.
English and Vietnamese
Summary: Growing up in Vietnam during the war years does not stop
these three children from enjoying one of the most exciting moments of
their lives: buying a puppy. But the tragic war came to Vietnam much
earlier than they thought and brought the children's plan to an end in a
most unexpected way.
ISBN 1-879600-27-7
1. Vietnamese conflict, 1961-1975--Juvenile fiction. 2.Puppies--Juvenile
fiction. [1. Vietnamese conflict, 1961-1975--Fiction. 2. Dogs--fiction. 3.
Vietnamese / English language materials-- Bilingual.]
PZ90.V5T73 1996
[Fic]--dc20   95-71895

We Deliver Learning

Pacific Asia Press

A Greenshower Corp.

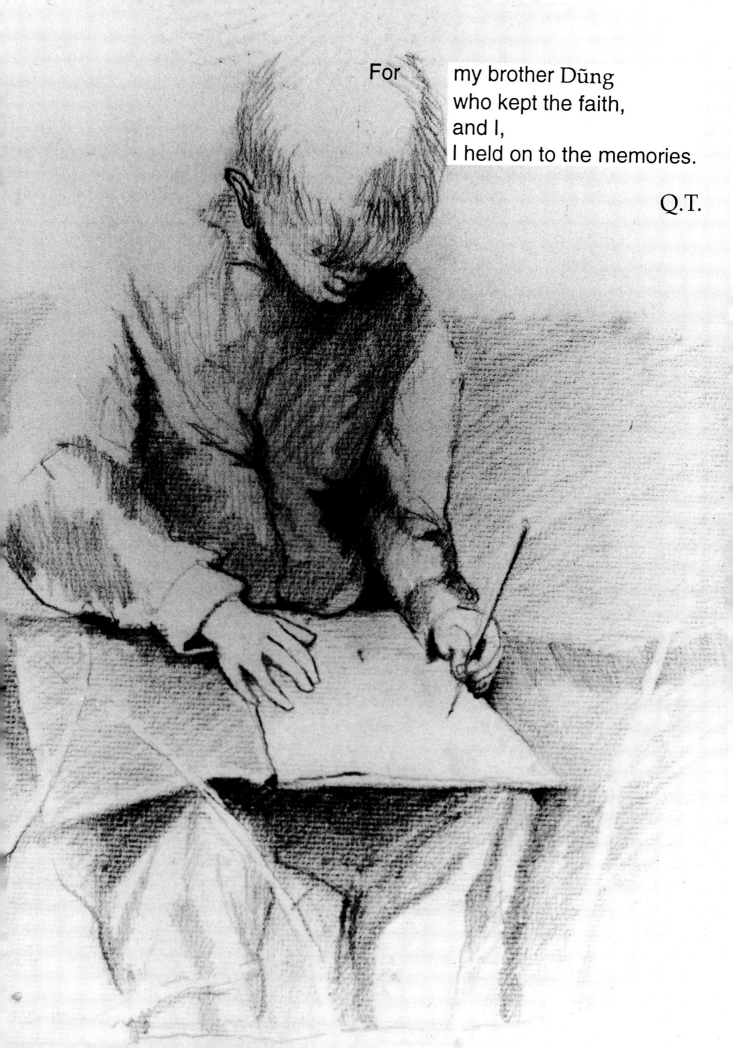

For my brother Dũng
who kept the faith,
and I,
I held on to the memories.

Q.T.

So, how much money do you have?" I asked my little brother Nhỏ. "I have *some*, but I think Brother Dũng has more than I do." My older Brother Dũng dug into his pocket, pulled out the red *li-xi* envelope he had gotten as a present for New Year, and started counting, "Well, I have this much, and with your money and Nhỏ's, we probably have enough for a puppy..."

We put our money together in the red envelope. Brother Dũng put the envelope in his pocket. And the three of us set off for the market.

We walked downhill along the street to the gate of our naval military complex. I saw my friend Chuẩn, looking out the window and waving at us. I waved back, smiling.

Nhỏ có bao nhiêu? Tôi hỏi Tí Nhỏ. "Nhỏ có chừng này, nhưng mà anh Dũng có nhiều hơn Nhỏ." Anh Dũng móc trong túi ra một bao lì-xì và bắt đầu đếm: " Anh có chừng này, thêm với tiền của Lớn, cộng với tiền của Nhỏ là mình có thể đủ tiền mua con chó con ...".

Ba anh em bỏ chung tiền vào trong bao lì-xì. Anh Dũng nhét bao lì-xì trong tuí. Và ba anh em bắt đầu đi ra chợ.

Khi bắt đầu xuống dốc ra tới cổng cư xá hải quân, tôi thấy thằng Chuẩn ló đầu ra cửa sổ vẫy tay chào. Tôi vẫy tay cười chào lại.

We waved at the soldier standing guard at the gate. He waved back, smiling.

Chúng tôi vẫy tay chào anh lính gác ngoài cổng cư xá. Anh lính vẫy tay cười chào lại.

We walked through the quiet boulevard, which was canopied under the huge *me* trees. We stepped on the trees' intricate shadows underfoot.

Chúng tôi bước trên con đường tĩnh mịch, với hai bên có cây me cao làm vòng tròn trên đầu che nắng. Ba anh em bước lên bóng mát của cây me.

I want to get a puppy that looks like Milou," Nhỏ whispered. Milou was the dog we used to have. "No, we are going to get a black one with white spots on his head," I decided. Brother Dũng said nothing. We walked on.

We walked past the Grall Hospital. I couldn't really see the hospital because it was hidden by huge trees, masses of thick bushes, and a tall wrought iron fence. All of us , five brothers and one sister, were born there. But I was not thinking about that right then. "A black puppy with white spots on his head ..."

We walked past the gate of the hospital, where the fresh *sinh-tố* juice was sold. The fresh sugarcane juice machine was running, pressing out delicious juice. Past the stands of fresh, yellow jack fruits, sour guavas, sweet mangos, and cubed sugarcane on display. Women merchants were busy talking with each other. The sweet wonderful aromas embraced us.

"We can get something to drink on the way back. I want to make sure we have enough money for the dog," Brother Dũng said.

We walked past our school. The gates were shut. We were still enjoying our Lunar New Year vacation.

Nhỏ muốn mua một con chó giống như là Milou, " Nhỏ thì thầm. "Bậy bạ nè, mình sẽ mua một con chó đen với đốm trắng trên đầu, " Tôi quyết định. Còn anh Dũng thì làm thinh không nói một tiếng.

Ba đứa đi qua Nhà Thương Grall. Tôi chẳng thấy được nhà thương ở đâu cả vì nó bị những cây to bụi rậm và hàng rào sắt che khuất. Tất cả sáu anh chị em chúng tôi đều được sinh ra ở đây. Tôi không nghĩ ngợi đến chuyện ấy lúc này, vì đang bận suy tính "Một con chó đen với đốm trắng trên đầu ..."

Ba đứa đi đến cổng nhà thương nơi bán nước sinh tố với cái máy xay mía đang ép nước mía tươi ngọt ngào. Có hàng bán mít, bán ổi chua, măng cầu ngọt, và mía chặt. Và mấy bà bán hàng bận rộn nói chuyện với nhau. Những hương vị sinh tố phủ quanh chúng tôi.

" Khi về mình sẽ mua sinh tố. Anh muốn biết chắc chắn là mình có đủ tiền để mua chó con trước," anh Dũng nói.

Chúng tôi đi ngang trường. Cổng trường đóng cửa chặt. Ba đứa vẫn còn đang nghỉ Tết nên chưa đi học lại.

Onto the busy streets. Shops and stores started to appear on both sides. There weren't many trees around and the sun was beating down on us. It was getting hot.

Bắt đầu tới các con đường tấp nập. Các hàng chợ buôn bán bắt đầu hiện ra hai bên đường. Đường phố lúc này chẳng có cây cối gì cả. Nắng bắt đầu lên cao và chiếu xuống thật nóng nực.

We passed the fruits and vegetables section. There were tomatoes, cucumbers, mustard, greens, watercress, papayas, watermelons, mangos, peppers, bananas, oranges, grapefruits, longans, lychees, jackfruits.... But we did not want any fruits or vegetables.

We passed the fish section of the market. Mackerel, sardines, groupie, cod, sole, carp, catfish. Big fish. Little fish. Fresh fish. Dried fish. But we did not want any that day. The smell of the fish followed us for awhile.

Chúng tôi đi qua hàng rau cải và trái cây. Nào là cà chua, dưa leo, cải xanh, rau muống, đu đủ, dưa hấu, mãng cầu, ớt, chuối, cam, bưởi, trái nhãn, chôm chôm, mít,... Nhưng chúng ta không muốn mua trái cây rau cải ngày hôm nay.

Và lại đi qua hàng chợ cá. Nào là cá mòi, cá chép, cá dẹp, cá trê. Cá lớn. Cá nhỏ. Cá tươi. Cá khô đủ loại. Nhưng chúng ta không muốn mua cá ngày hôm nay. Mùi cá tanh bay theo một đỗi.

We came to the pet section. The crickets greeted us even before we got there. Their song reminded us of the coming rain. Then the cats meowed into view. Next we saw goldfish, and parrots, and birds of all sorts. And mosquitos buzzing about.. Then finally, the dogs and the puppies. Even before we got to the place where they were kept, we could hear them barking and whining. We stood there looking at the puppies. I didn't want to say anything. Nhỏ didn't say anything. Instead, he looked at me, waiting. And I, I looked at my Brother Dũng, waiting. We stood there, all of us, looking.

Brother Dũng pointed to a round-eyed, white spotted brown puppy with floppy ears, and asked the merchant: "How much is that puppy?...."

"He is not like Milou at all!" Nhỏ whispered. No, he wasn't anything like Milou. "And he's not black, and doesn't have white spots on his head, " I added.

My Brother Dũng picked up the puppy for the first time. He looked at the puppy's face, at its round eyes, at its tiny whiskers, at its wet nose. He frowned at the puppy's big round belly. He touched the puppy's wagging tail. He searched critically behind the puppy's ears. He turned the puppy around again and looked at its face, frowning,...

Just then the puppy reached forward and licked my brother's face.

Brother Dũng smiled. My heart leaped with excitement. And my brother Nhỏ laughed out loud.

Khi đến khu chợ bán chó mèo. Trước khi đến nơi chúng tôi đã nghe tiếng dế gáy chào. Tiếng dế kêu nhắc nhở mùa mưa sắp tới. Và rồi tiếng mèo kêu mi-ao. Rồi nhìn thấy các con cá vàng. Các con chim két, và các chim khác đủ loại. Và các con muỗi bay vù chung quanh. Và cuối cùng là chỗ bán chó. Trước khi đến nơi nhốt chó chúng tôi đã nghe tiếng sủa vang. Ba đứa đứng nhìn các con chó con. Tôi không dám nói gì cả. Nhỏ làm thinh không lên tiếng. Nhỏ nhìn tôi, chờ đợi. Và tôi thì lại nhìn anh Dũng, chờ lệnh. Cả ba đứa đứng ngó, chờ đợi phân vân.

Anh Dũng chỉ vào một con chó nâu mắt tròn khoang trắng, với tai lòng thòng, và hỏi người chủ: " Dạ thưa con chó con này là bao nhiêu tiền? ... "

"Con chó đó không giống Milou chút nào hết!" Nhỏ thì thầm phản đối. Thật ra là như vậy, con chó đó không giống Milou chút nào cả. "Và nó không có màu đen, không có khoang trắng trên đầu, " Tôi chen vào.

Anh Dũng bồng con chó lên lần đầu tiên. Anh chăm chú nhìn khuôn mặt con chó nhỏ, nhìn vào đôi mắt tròn, vào những sợi râu tí hon, vào cái mũi ương ướt. Anh chau mày quan sát cái bụng tròn vo của con chó. Anh vuốt đuôi con chó con. Anh tìm tòi chăm chú nhìn vào phía sau hai tai của con chó. Và lại xoay chó con qua nhìn mặt thêm một lần nữa, vẫn chau mặt chau mày, ...

Bất thình lình chó con vươn tới, và thè lưỡi liếm mặt anh Dũng một cái.

Anh Dũng mỉm cười. Còn tôi thì tim nhảy dựng trong lòng vì quá vui. Và Nhỏ cười ra tiếng.

We paid the merchant and took our puppy home in a box. My Brother Dũng poked a few holes on top of the box to make sure our puppy got enough air. We started our walk home....

No, we did not stop at the fish section nor the fruits and vegetables stand. We didn't mind the hot sun beating down on us as we walked up the treeless streets. We ran past our school. Its gates were still shut. We didn't stop by the fresh juice stands at the entrance of the Grall Hospital. Instead, we ran through the cool shady boulevards of the *me* trees. We took turns carrying the box and listening to make sure our puppy was all right.

The soldier, guarding the gate to the complex, wanted to know what was inside the box. "A puppy!" Nhỏ shouted.

My friend, Chuẩn, looking out of his window, wanted to know what we had inside the box. "A puppy!" I shouted.

My sister Bé, standing in the living room, wanted to know what was moving inside the box. "Our puppy!" We all shouted. "Let's all get to the kitchen, and get him something to eat!"

Ba đứa trả tiền cho người chủ tiệm, và bỏ chó trong thùng đem về nhà. Anh Dũng đục một vài lỗ trên nắp thùng để cho chó con có không khí để thở. Chúng tôi bắt đầu cùng nhau đi về nhà....

Ba đứa chạy qua khu chợ cá không ngừng lại, cũng không ngừng lại khu chợ trái cây rau cải. Chẳng có đứa nào để ý đến mặt trời chiếu ánh nắng nóng xuống con đường cây cối. Ba đứa chạy qua trường. Cổng trường vẫn còn đóng chặt im lìm. Cũng không ngừng lại khu bán nước sinh tố trước cổng Bệnh Viện Grall. Và tiếp tục chạy qua các con đường im bóng mát cây me. Ba đứa thay nhau ôm thùng chó con. Và nghe ngóng cẩn thận coi chó có khoẻ hay không.

Anh lính đứng gác tại cổng cư xá tò mò muốn biết cái gì trong thùng. "Con chó con!" Nhỏ la lớn.

Thằng Chuẩn nhìn ra cửa sổ thắc mắc muốn biết cái gì trong thùng. "Một con chó con!" Tôi la lớn.

Chị Bé đang đứng trong phòng khách trong nhà muốn biết cái gì đang động đậy trong thùng giấy. "Con chó con của tụi mình!" Ba đứa cùng la lớn. "Coi trong nhà bếp có đồ gì cho nó ăn!"

Do puppies eat fish? We have some fried fish
leftover from last night!"
"How about some fried rice?"
"The water should be cold, not hot!"
"He's not eating!"
"He's not hungry!"
"He wants some milk, Nhỏ! Get him some milk!"
"We have to make a bed, or something, for him to
sleep on tonight!"
"We're going to tell Mother about him!"
"And Father, too!"

Father. I did not think about Father, until now.
Mother would certainly let us keep the puppy. But
Father. I looked at Brother Dũng. Nhỏ looked at
Brother Dũng. Everybody looked at him. Even my
oldest brother, Kiệt. "You tell Father about the dog,"
Kiệt said. Brother Dũng looked at him, silently.

Chó con có ăn cá được không? Mình có chút thịt cá còn dư từ tối hôm qua!" "Hay là cho nó ăn cơm chiên được không?"

"Ê, cho nó uống nước lạnh, chứ không phải nước nóng!"

"Nó không có ăn uống gì hết!"

"Chó nó không đói!"

"Chắc nó muốn uống sữa, Nhỏ ơi, lấy sữa cho nó uống!"

"Mình phải làm một cái giường nho nhỏ hay là cái gì để cho nó ngủ tối hôm nay!"

"Mình sẽ nói cho Má biết về con chó con tối hôm nay!"

"Nói cho Ba biết nữa!"

Ba. Cho tới lúc này tôi đã quên mất không nghĩ đến Ba. Má thì chắc chắn sẽ cho mấy đứa giữ con chó con này. Còn Ba thì... Tôi ngó anh Dũng. Nhỏ ngó anh Dũng. Tất cả mấy đứa anh chị em đều ngó anh Dũng. Ngay cả anh Kiệt, anh cả trong nhà, cũng ngó anh Dũng. "Dũng nói cho Ba biết về con chó này," anh Kiệt nói. Và rồi anh Dũng nhìn lại anh Kiệt, yên lặng.

Father and Mother talked to each other quietly after dinner. Father even came to the kitchen to look at the puppy. The puppy was wagging its tail, happy to see somebody coming. But Father didn't pick him up.

"You children can't keep the dog," Father said simply. "You have to return him to the merchant at the market tomorrow. I hope he will give you back your money." He sighed, and continued, "Even if he doesn't give you back your money, you still have to return him ." My mother sighed, too.

My mother said to me: "We can't have any big pets. You children will go back to school in a couple of days, and..... and your Father and I go to work everyday. Who would take care of the dog? ... In the summer, when school is over, we'll all go with Father to Trăng-Bàng Military District, and we really can't take the dog with us ... Surely you remember what last summer was like..." Oh yes, I remembered what last summer, and almost every summer before that was like. We all went with Father to his military post along the border. And the war came almost every night. And the crying, and the shelling, and the killing. Almost every night.

Ba má bàn chuyện nhỏ nhẹ sau bữa cơm tối. Ba cũng ra nhà bếp để coi con chó như thế nào. Con chó nhỏ vẫy đuôi mừng thấy có người tới thăm. Nhưng mà Ba không bồng nó lên.

"Mấy đứa con không được giữ con chó," Ba nói một cách thản nhiên. "Mấy đứa đem nó trả lại cho chủ tiệm ngày mai, hy vọng là chủ tiệm sẽ trả lại tiền cho mấy đứa bây." Ba thở dài, và nói tiếp, "Nếu như chủ tiệm không chịu trả tiền lại, mấy đứa vẫn phải trả lại con chó này." Má thở dài một cách im lặng.

Má nói riêng cho tôi biết: "Nhà mình không có thể có mấy con thú vật như vậy... Mấy đứa con sẽ đi học lại trong một vài ngày nữa, còn Ba với Má thì phải đi làm mỗi ngày, thì có ai mà săn sóc cho chó? .... Rồi khi mùa hè đến, cả gia đình sẽ dọn lên Quận Trăng Bàng theo Ba, thì làm sao mà đem chó theo ... Con có nhớ mùa hè năm ngoái như thế nào hay không..." Tôi nhớ chứ, nhớ rõ ràng mùa hè năm ngoái như thế nào, cũng như các mùa hè trước. Cả nhà theo Ba lên đóng quân gần biên giới. Và chiến tranh gần như mỗi đêm. Và các tiếng hò hét, các tiếng đạn pháo kích, tử vong. Gần như đêm nào cũng vậy...

Our puppy cried all night. The kitchen was dark, and surely there were spiders and roaches and lizards scurrying about in the night frightening our puppy. And it was cold, too, on that lonely cement floor.

I didn't cry that night. But I couldn't sleep either. The puppy. We hadn't even had a chance to name him. I heard Brother Dũng turning and tossing in the dark. Nhỏ sniffled under the blanket. My sister Bé said softly, "You know, the puppy has fleas... I saw a flea behind its ear this afternoon ..." Yeah, the puppy had fleas, I saw them, too. But fleas or no fleas, I still wanted to keep him... My oldest brother Kiệt was sound asleep.

Đêm hôm ấy con chó con kêu khóc không ngừng cả đêm. Nhà bếp thì chắc là tối đen, lại còn có nhền nhện, có gián, có thằn lằn chạy qua chạy lại làm cho nó sợ hãi. Và nền xi măng trong nhà bếp thì lạnh lẽo cô đơn.

Đêm đó tôi không khóc. Nhưng mà tôi cũng không ngủ được nữa. Tội nghiệp con chó con. Chưa có thì giờ để đặt tên cho nó. Tôi nghe anh Dũng trở mình qua lại trong đêm tối. Và Nhỏ thì hít mũi dưới mền. Chị Bé nói thì thầm: "Lớn biết không, con chó có rận... Chị Bé thấy có một con sau tai của nó chiều hôm nay ..." Phải rồi, con chó con có rận, tôi có thấy một con rận sau tai của nó. Nhưng mà rận hay là không, tôi vẫn muốn được giữ nó lại... Anh Kiệt, anh cả trong nhà, thì đang ngủ say trong đêm.

We put our puppy back in the box, and walked out of the house.

We walked quickly down the sloping road. My friend Chuẩn wasn't at the window.

We walked past the soldier guarding our complex. He waved at us. I waved back, but my brother Nhỏ didn't.

The Grall Hospital seemed dark and far away, beyond the tall trees, the thick bushes, and the iron fence. The juice stands were there, but I didn't smell the sweet, and fresh aroma.

Ba đứa bỏ con chó vào trong thùng lại, và ra khỏi nhà. Cùng nhau đi xuống dốc thật nhanh. Thằng Chuẩn không có ngồi bên cửa sổ như thường lệ.

Đi qua cổng cư xá có anh lính đứng gác. Anh lính vẫy tay chào. Tôi vẫy tay chào lại, nhưng mà Nhỏ không có vẫy tay.

Nhà thương Grall cảm thấy xa vời và đen tối, ở sau các cây cao, các bụi rậm, các hàng rào sắt. Các hàng sinh tố thì vẫn còn đó, nhưng tôi không nhớ đến những mùi vị ngọt ngào.

The school was still silent, its gates quietly shut. The treeless boulevards, the shops, and the stores. The sun was pounding down on us, it was getting hot. Then we came to the market.

We passed the fruits and vegetables stalls. We walked by the fish section . As we neared the pet section, the crickets greeted us even before we got there. Their song reminded us of the impending rain. Then the cats meowed into view. Then we saw the goldfish. And the parrots, and the birds of different kinds. The mosquitoes buzzed about. We came closer to the pens where the dogs and puppies were kept. We heard their barking and whining before we got there.

The merchant saw us coming with the box in our arms. Nhỏ and I stayed a few steps back. The merchant's wife came out from behind the store. Brother Dũng stepped forward with the box ...

Nhà trường vẫn im lìm đóng cổng. Các con đường đại lộ không cây cối, các tiệm, các hàng bán. Và mặt trời lên, đổ nóng xuống vai chúng tôi. Và rồi đến khu chợ.

Qua khu bán trái cây. Qua khu bán cá. Đến khu chợ chó mèo. Đã nghe tiếng dế gọi trước khi đến nơi. Tiếng dế kêu nhắc nhở muà mưa sắp tới. Và rồi tiếng mèo kêu mi-ao. Rồi nhìn thấy các con cá vàng. Các con chim két, và các chim khác đủ loại. Và các con muỗi bay ù chung quanh. Và cuối cùng là chỗ bán chó. Tiếng chó sũa đã nghe trước khi đến nơi.

Ông chủ tiệm thấy mấy đứa đến với một thùng giấy trong tay. Nhỏ và tôi đứng lại một vài bước. Bà chủ tiệm bước ra từ sau tiệm. Anh Dũng bước tới với thùng con chó trong tay....

They did not give us back all the money, but we have enough to buy some fresh sinh tố juice on the way home," Brother Dũng said softly. "What about some crickets?" I asked. "No, we ought to wait until the rain comes. The crickets will be healthier then. Yeah, they'll fight better!" Brother Dũng decided.

My little brother Nhỏ looked back at the pet section. The barking, the meowing, and the buzzing of the mosquitos... He hurried to catch up with us. He wasn't smiling. He wasn't talking. And I thought I heard him sniffle. Just a little.

Brother Dũng ordered fresh sugarcane juice for himself. I wanted some mãng-cầu juice. And Nhỏ was busy sucking his mango-jackfruit juice through the straw. Next to us the sugarcane juice machine was running, pressing out more fresh delicious juice. Fresh yellow jackfruit, sour guavas, sweet mangos, and cubed sugarcanes were on display. The women merchants were busy recounting the events of the day...

Suddenly, the sky thundered. And then it rained.

Họ không có trả tiền lại hết cho tụi mình, nhưng mà mình có đủ tiền để mua sinh tố trên đường về nhà..." Anh Dũng nói nhỏ nhẹ. "Còn chuyện mua dế thì sao?" Tôi hỏi. "Không, mình sẽ chờ khi mùa mưa tới. Dế nó sẽ mạnh hơn, và nó sẽ đá hay hơn!" Anh Dũng quyết định.

Nhỏ nhìn lại khu chợ bán chó mèo một lần nữa. Tiếng chó sủa, tiếng mèo kêu, tiếng muỗi bay vi vo... Nhỏ bước nhanh cho kịp hai đứa. Nhỏ vẫn không mỉm cười. Vẫn không nói một tiếng. Và tôi thì hình như có nghe Nhỏ sổ mũi sụt sịt một chút. Chỉ một chút mà thôi.

Anh Dũng mua nước mía. Tôi thì muốn sinh tố mãng-cầu. Còn Nhỏ thì đang bận rộn hút nước xoài-mít bằng ống hút. Chung quanh máy ép mía chạy rần rần, ép thêm nước mía ngọt. Các trái mít vàng ngọt, các trái ổi chua, xoài đường, và mía chặt khúc dọn bày trước mắt. Các bà bán sinh tố đang ồn ào ôn chuyện trong ngày...

Ngay lúc đó, bỗng nhiên trời đổ sấm, và mùa mưa đến...

+VI

E TRAN
Tran, Quoc.
And then it rained = Va mua
mua den

Alief JUV CIRC

1/2

6/0,

Pacific Asia Press

A Greenshower Corp.